好吃不发胖

无鸡蛋零添加剂

开心蔬果冰淇淋

〔日〕长谷川 惠 著　李花子 译

河南科学技术出版社

· 郑州 ·

目录

前言……5
本书中使用的基本食材……6

用冰淇淋机制作!
基础冰淇淋……8
鲜牛奶冰淇淋……9

不用冰淇淋机制作!
基础冰淇淋……10
鲜牛奶冰淇淋……11

Column
快乐的装饰……12

CHAPTER 1
牛奶和鲜奶油为基础的
明星冰淇淋

蜂蜜冰淇淋……14
枫糖浆冰淇淋……15
黄砂糖冰淇淋……16
黑糖冰淇淋……16
咖啡牛奶冰淇淋……17

3种牛奶冰淇淋……18
　泽西牛奶冰淇淋
　高温杀菌牛奶冰淇淋
　生鲜牛奶冰淇淋

蜂蜜泽西冰淇淋……20
朗姆葡萄干冰淇淋……21

可可冰淇淋……22
焦糖冰淇淋……23
巧克力棉花糖冰淇淋……24
Column
被淹没的冰淇淋——阿芙佳朵……25
奶茶冰淇淋……26
大麦茶冰淇淋……27
焙茶冰淇淋……27
Column
健康的豆浆冰淇淋……28

CHAPTER 2
蔬菜满满
健康的蔬菜冰淇淋

牛油果冰淇淋……31
卷心菜冰淇淋……32
南瓜冰淇淋……33
西红柿冰淇淋……34
黄油胡萝卜冰淇淋……35
菠菜冰淇淋……35
芦笋冰淇淋……36
毛豆冰淇淋……37
牛蒡冰淇淋……37
玉米冰淇淋……38
紫薯冰淇淋……39
蘘荷冰淇淋……40

CHAPTER 3
汁水丰饶的果汁,囊括美丽色泽的
水果冰淇淋

完熟香蕉冰淇淋……43
草莓冰淇淋……44
猕猴桃冰淇淋……45
鲜桃冰淇淋……46
葡萄冰淇淋……47
栗子粒冰淇淋……48
特浓栗子冰淇淋……48

柿子冰淇淋……49

柑橘冰淇淋……50

苹果泥冰淇淋……51

西番莲冰淇淋……52

蓝莓冰淇淋……52

树莓冰淇淋……53

杏味冰淇淋……53

Column
冰淇淋水果三明治……54

CHAPTER 4

芳香的坚果和大量和风素材的
坚果冰淇淋和和风冰淇淋

坚果冰淇淋

核桃仁冰淇淋……57

杏仁糖冰淇淋……57

腰果冰淇淋……58

花生冰淇淋……59

和风冰淇淋

抹茶冰淇淋……61

红豆冰淇淋……62

苏子叶冰淇淋……63

黑芝麻冰淇淋……64

白芝麻冰淇淋……64

樱花冰淇淋……66

艾蒿冰淇淋……67

柚子冰淇淋……68

柚子胡椒冰淇淋……68

传统日式冰淇淋

腌梅冰淇淋……70

盐冰淇淋……71

炭冰淇淋……71

白米冰淇淋……72

糙米冰淇淋……72

CHAPTER 5

用少量余料和身边的食材制作
变化球冰淇淋和
分分钟冰淇淋

用酒制作的冰淇淋

日本酒冰淇淋……74

甜酒冰淇淋……75

红酒冰淇淋……76

梅酒冰淇淋……77

绍兴酒冰淇淋……77

用水果罐头即刻制作

芒果冰淇淋……78

凤梨冰淇淋……79

白桃冰淇淋……80

洋梨冰淇淋……81

奶酪和酸奶冰淇淋

帕尔玛森奶酪冰淇淋……82

白干酪冰淇淋……83

酸奶冰淇淋……84

清爽的香草和浪漫的花瓣冰淇淋

罗勒冰淇淋……85

薄荷冰淇淋……86

香菜冰淇淋……87

玫瑰冰淇淋……88

薰衣草冰淇淋……89

重口味冰淇淋

肉桂冰淇淋……90

红胡椒冰淇淋……91

Column
在特殊的日子里,制作冰淇淋蛋糕……92

如何制作好吃的冰淇淋之"Q&A"……94

制作冰淇淋的基本工具……95

introduction

前言

冰淇淋工房（BOBOLI）的冰淇淋与普通冰淇淋的不同之处在于，
它完全不使用鸡蛋，是以牛奶为主打成分的冰淇淋。
这是我在开店时研究了众多的配方，推翻了无数次试做之后，成功推出的"BOBOLI"的独特配方。
成为主打香味的水果和蔬菜，能够将它们的独特的味道发挥到极致的方法，就是
"去掉鸡蛋，用牛奶和生奶油打底"。

用这个配方制作的冰淇淋，更有 3 大优点！

1. 由于不使用鸡蛋，无须加热杀菌。

日本的餐饮法中明确指明，以销售为目的的食品制作，包括牛奶和冰淇淋在内，均需进行加热杀菌处理。
不过在自己家中食用的冰淇淋，就不属于这个范围了。所以，制作方法相当简单哦。

2. "柔软与霍然"绝妙的融化感

轻巧柔软的冰淇淋，放进口中会产生霍然融化的独特口感。
尤其是刚做好的冰淇淋，"柔软与霍然"的口感堪称极品！
曾有位客人在品尝冰淇淋之后说："云朵吃起来就是这种味道吧。"我觉得用吃云朵来形容冰淇淋的口感，实在贴切。

3. 低热量

为了降低鸡蛋味和腥味，含鸡蛋的冰淇淋会加入糖分来调节口感，与普通的冰淇淋相比，本书中的冰淇淋不含鸡蛋，所以无须加入糖来调节口感，因此热量也相对较低。本书还明确标注了人均冰淇淋的热量值。

此外，揭晓"BOBOLI"冰淇淋的另一个秘密，
就是，添加极少量的盐。
我刚开业的 1992 年，市面上不存在这种做法。
"冰淇淋加盐？！"——不要这样惊恐哦。
就像红豆馅中加盐一样，随着盐的加入，促使隐藏在材料中的甜度浮出水面，放大其中甜味。

自己动手，品味那一份独一无二的口感。
一旦掌握了冰淇淋的制作窍门，大可发挥创意，制作出唯我独尊的个性派口味了。
但愿手工冰淇淋带给您幸福、美好的时光。

本书中使用的基本食材

重点是牛奶!

决定本书中所有冰淇淋味道的权威级食材,就是牛奶!我从儿时到如今,不知喝了多少牛奶。也许是因为这个缘故,虽然也爱吃加了鸡蛋、口感油腻的冰淇淋,但纯牛奶口味的冰淇淋依然是我的最爱。当我第一次吃到纯牛奶口味的意式低脂冰淇淋时,那份惊喜和感动至今难以忘怀!我开冰淇淋店最初的动机,就是想吃"口感像是在喝牛奶一样的冰淇淋"。一般在超市销售的冰淇淋,由于食用期限的问题,大部分冰淇淋都经过高温杀菌。高温杀菌的牛奶虽然延长了食用期限,但同时也丢失了其中的美味成分。为此,我使用的是低温杀菌牛奶。在低温中慢慢加热的牛奶,性质比较稳定,很少变质,口感独具清爽。本书选用的是在各大超市都能买到的低温杀菌牛奶。

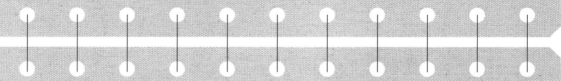

鲜奶油

使用动物脂肪含量 47% 的鲜奶油。只有这个比例调出来的牛奶冰淇淋,口味最正。有些朋友担心动物脂肪带来的高热量问题,不过我想在这里强调,一切以美味优先,所以请不要使用植物鲜奶油哦。

细砂糖

细砂糖比精制白砂糖颗粒细,易融化,是制作冰淇淋的最佳食材。

盐

请避开精制盐,选择能够充分激发食材自身味道的优质盐。

Let's start
the Icecream
Party!

用冰淇淋机制作

基础冰淇淋

要想在家中做出明星口味的冰淇淋，最好的办法就是使用冰淇淋机。

在冷冻后的冰淇淋桶里放入混合好的材料，最令人欣喜的一点是，

不管是什么品种的冰淇淋，只需20分钟就能做完。

渴望在家中做出简单又好吃的冰淇淋的朋友们，请相信我的推荐，

果断地选择冰淇淋机吧！

因为简单，所以好吃！

鲜牛奶冰淇淋

◉**材料**(约4人份) 1人份**204 千卡**(注：卡为非法定计量单位，1卡约等于4.186焦耳)

鲜奶油(最好使用脂肪含量47% 的鲜奶油)⋯⋯⋯⋯⋯⋯⋯⋯⋯⋯⋯⋯ 100 克

细砂糖⋯⋯⋯⋯⋯⋯⋯⋯⋯⋯⋯⋯⋯⋯⋯⋯⋯⋯⋯⋯⋯⋯⋯⋯⋯⋯46 克

牛奶(最好使用低温杀菌牛奶)⋯⋯⋯⋯⋯⋯⋯⋯⋯⋯⋯⋯⋯⋯ 300 克

盐⋯⋯⋯⋯⋯⋯⋯⋯⋯⋯⋯⋯⋯⋯⋯⋯⋯⋯⋯⋯⋯⋯⋯ 1挖耳勺的量

★尽量选用颗粒大的盐。

将容器放在电子秤上。

容器里加入鲜奶油。

再加入细砂糖。

用打泡器搅打。注意，打泡时要避免打泡器碰触容器，以免破坏奶油的原味。搅打时，用手倾斜拿住容器。

一边搅，一边收拢飞溅到周边的奶油和砂糖，继续搅打至出现泡沫（如果是用电动打泡器搅打，在收拢奶油和砂糖时，需切断电源）。打出八九成泡沫后，停止片刻。

将容器再放回电子秤上，将刻度调为零，加入规定分量的牛奶和盐，用打泡器快速混合（如果使用的是电动打泡器，此时请将打泡器头部从机器中摘下使用）。一边用牛奶涮去钢丝上的奶油，一边搅拌混合。

在冷冻好的不锈钢桶里放入步骤5混合好的材料，放在冰淇淋机上按下开关，大约20分钟后制作完成。与软冰淇淋相比，如果更喜欢硬冰淇淋，可在完成后当即放入冰箱，冷冻20分钟即可。

还有这种做法！

用多功能料理机代替打泡器，可用少量器具轻松完成准备工作。比如在"粗略混合"这个环节，如果使用料理机，可在 30~60 秒停止转动。

基础冰淇淋

没有冰淇淋机的朋友们，不要灰心哦，咱们的冰淇淋照做不误！

只需要每隔1小时从冰箱中取出来搅拌一下，以便空气充分混合到冰淇淋中。

而且，比用冰淇淋机花费的时间多，但这正是纯手工冰淇淋的可爱之处。

精心制作的冰淇淋，口感美妙绝伦，带着纯手工冰淇淋特有的质朴，被众多粉丝追捧呢！

醇正的沙沙口感，拥有强大的粉丝后盾

鲜牛奶冰淇淋

◉**材料**（约4人份）1人份**204千卡**

鲜奶油（最好使用脂肪含量47%的鲜奶油） ············· 100克
细砂糖 ··································· 46克
牛奶（最好使用低温杀菌牛奶）·················· 300克
盐 ···································· 1挖耳勺的量

★尽量选用颗粒大的盐。

将容器放在电子秤上面。

鲜奶油倒入容器中。

再加入细砂糖。

用打泡器搅打。在搅打时避免打泡器与容器碰触发出响声，以免影响奶油的口味。搅打时，容器最好倾斜。

一边搅打，一边用打泡器收拢飞溅的鲜奶油和细砂糖，继续进行搅打至出现泡沫（如果使用的是电动打泡器，切断电源后进行收拢）。打出八九成泡沫之后，停止片刻。

将容器再次放回电子秤上面，记忆清零，加入规定分量的牛奶和盐。

用打泡器快速混合（如果使用的是电动打泡器，此时将头部从机器上拆下来使用）。一边用牛奶涮去沾在钢丝上的奶油，一边搅打混合。

用保鲜膜包好，放进冰箱存放。

1小时后从冰箱里取出，用打泡器粗略混合之后，再次放回冰箱。这个操作重复2~3次。

快乐的装饰

只需做出一个基础冰淇淋，接下来只要根据自己的喜好给它进行装饰，
平凡的白色冰淇淋，就会华丽大变身。

江米条（花林糖）

巧克力曲奇

香柠檬果汁

草莓果酱

黑糖核桃

巧克力沙司

水果沙司

装饰材料不必费心准备。

只需打开冰箱或者从点心盒子里选出自己喜欢的食物，撒在冰淇淋上即可。

例如面包上涂抹黄油，米饭上撒入调味料……类似这种随意的感觉，给冰淇淋进行装饰吧。

另外，还可以让小朋友参与，鼓励他们"挑选喜欢吃的食物装饰哦"。

就这样，往日平淡的下午茶时光，会在冰淇淋出现的那一刻瞬间沸腾。

准备工作烦琐的家庭聚会中，这种装饰法会助一臂之力哦。

先做出基础冰淇淋，接下来只需用各种装饰带来变化。

仅仅两个程序，却带来了令人目不暇接的效果，各种华丽的装饰，给人超级的视觉盛宴！

一定要试试看哦。

CHAPTER 1

牛奶和鲜奶油为基础的
明星冰淇淋

不加鸡蛋的冰淇淋的美味秘诀,尽在牛奶、鲜奶油与甜味剂之间的比例!
用这种秘诀做出来的冰淇淋,不仅质感柔软,而且入口如雪花般悄然融化,
是彻底改变传统冰淇淋口感的全新味觉。
接下来,给大家介绍以牛奶为主要成分的王牌冰淇淋配方。

HONEY-ICE

散发着蜂蜜香甜味道

蜂蜜冰淇淋

◉材料(约4人份)**1人份390千卡**

鲜奶油 ·······················100克
细砂糖 ·························· 10克
蜂蜜·····························40克
牛奶·····························300克
盐··························· 1挖耳勺的量

◉制作方法

❶容器中放入鲜奶油和细砂糖，用打泡器打出八九成泡沫。

❷再加入蜂蜜和牛奶、盐，用打泡器快速混合。

❸将冷冻好的不锈钢桶安置在冰淇淋机上，放入步骤❷混合好的材料，按下开关！

◉蜂蜜

务必使用"醇正的蜂蜜"，除了香味浓郁之外，用纯蜂蜜制作的冰淇淋具有饱满的融化感。富含维生素和矿物质、氨基酸，也是纯蜂蜜的魅力之处。

圆润饱满的口感

枫糖浆冰淇淋

◉材料(约4人份) 1人份**201千卡**

鲜奶油··················100克
细砂糖 ··················10克
枫糖浆 ··················50克
牛奶··················300克
盐··················1挖耳勺的量

◉制作方法

❶容器中放入鲜奶油和细砂糖，用打泡器打出八九成泡沫。

❷再加入枫糖浆和牛奶、盐，粗略混合。

❸将冷冻好的不锈钢桶安置在冰淇淋机上，放入步骤❷混合好的材料，按下开关！

★枫糖浆留到最后浇淋在冰淇淋上面，也美味！

◉枫糖浆
糖枫树的树液熬制而成。因其浓郁的香气和独特的甜味而广受欢迎。建议浇淋在冰淇淋上作装饰食用。

♪沉浸在温柔的甜味中舒缓身心

黄砂糖冰淇淋

◉材料（约4人份）**1人份393千卡**

鲜奶油	…………………………	100克
黄砂糖	…………………………	46克
牛奶	…………………………	300克
盐	…………………………	1挖耳勺的量

◉制作方法

❶容器中放入鲜奶油和黄砂糖，用打泡器打出八九成泡沫。

❷再加入牛奶粗略混合。

❸将冷冻好的不锈钢桶安置在冰淇淋机上，放入步骤❷混合好的材料，按下开关！

◉黄砂糖
以甘蔗为原料的砂糖。比白砂糖含更多的钠和矿物质。芳香的风味是它最大的特征。

想要浓烈，就选它！

黑糖冰淇淋

◉材料（约4人份）**1人份382千卡**

鲜奶油	…………………………	100克
黑糖	…………………………	40克
牛奶	…………………………	300克
盐	…………………………	1挖耳勺的量

◉制作方法

❶容器中放入鲜奶油和黑糖，用打泡器打出八九成泡沫。

❷再加入牛奶和盐粗略混合。

❸将冷冻好的不锈钢桶安置在冰淇淋机上，放入步骤❷混合好的材料，按下开关！

◉黑糖
用榨出来的甘蔗汁熬制而成。富含钙、铁、B族维生素等成分。具有刺激味蕾的"浓厚"感等特征。

KIBI SUGAR-ICE

KOKUTO-ICE

COFFEE MILK-ICE

似曾熟悉的味道

咖啡牛奶冰淇淋

◉材料（约4人份）**1人份206千卡**

鲜奶油 ···	100克
细砂糖 ···	46克
速溶咖啡 ·······································	4克
牛奶 ···	300克
盐···	1挖耳勺的量

◉制作方法

❶容器中放入鲜奶油和细砂糖，用打泡器打出八九成泡沫。

❷再加入速溶咖啡和牛奶、盐，粗略混合。

❸将冷冻好的不锈钢桶安置在冰淇淋机上，放入步骤❷混合好的材料，按下开关！

17

3 种牛奶冰淇淋

一种牛奶，一种味道！

口味醇厚的
泽西牛奶冰淇淋

◉ **材料**（约4人份）1人份**170千卡**

鲜奶油···································· 50克
细砂糖 ································· 46克
泽西牛奶·····························350克
盐··································· 1挖耳勺的量

细滑而清凉的口感
高温杀菌牛奶冰淇淋

◉ **材料**（约4人份）1人份**224千卡**

鲜奶油··································120克
细砂糖 ································· 46克
高温杀菌牛奶·····················280克
盐··································· 1挖耳勺的量

品味牛奶原始的味道
生鲜牛奶冰淇淋

◉ **材料**（约4人份）1人份**204千卡**

鲜奶油··································100克
细砂糖 ································· 46克
生鲜牛奶（不杀菌牛奶）···········300克
盐··································· 1挖耳勺的量

◉ **泽西牛奶**
一般的牛奶产自荷兰的毛色呈黑白牛。而泽西牛奶的乳脂率比荷兰牛奶更高，口味非常醇厚。只要用了这款牛奶，一定能做出上等口味的冰淇淋！

◉ **高温杀菌牛奶**
在超市销售的大部分牛奶，都是经130℃高温中杀菌2秒的高温杀菌牛奶。高温杀菌的牛奶具有不易变质、保鲜期较长的特征。

◉ **生鲜牛奶（不杀菌牛奶）**
"贴心牛奶"是在日本销售的唯一一款未经杀菌的牛奶。由于牛奶中含有天然乳酸菌，即使发酵，也不用担心腐化和变质。对牛奶完全没有兴趣的朋友们，在"贴心牛奶"面前却纷纷放弃了抵抗力，也就是说它的美味已经达到了颠覆概念的程度！而且，对未经杀菌的牛奶产生腹泻反应的朋友们，唯独对"贴心牛奶"是非常信任的，也不会出现腹泻现象。

◉ **制作方法（通用）**
❶容器中放入鲜奶油和细砂糖，用打泡器打出八九成泡沫。
❷再分别加入材料中的各类牛奶和盐，粗略混合。
❸将冷冻好的不锈钢桶安置在冰淇淋机上，放入步骤❷混合好的材料，按下开关！

泽西牛奶冰淇淋

高温杀菌牛奶冰淇淋

生鲜牛奶冰淇淋

THREE KINDS OF MILK-ICE

回味无穷的姜香味

蜂蜜泽西冰淇淋

◉材料（约4人份）**1人份205千卡**

鲜奶油····················100克

细砂糖　················· 20克

蜂蜜·····················　30克

牛奶·····················300克

生姜（粉）·················　5克

（如果是鲜生姜做成的粉，取3克；市售的管状

生姜膏，则取4克）

盐·············· 1挖耳勺的量

◉制作方法

❶容器中放入鲜奶油和细砂糖，用打泡器打出八九成泡沫。

❷再加入蜂蜜和牛奶、盐、生姜粉，粗略混合。

❸将冷冻好的不锈钢桶安置在冰淇淋机上，放入步骤❷混合好的材料，按下开关！

★ 如果介意用鲜生姜刨成粉产生的纤维，可将鲜生姜榨成汁，取汁使用。

RUM RAISIN-ICE

浓郁的朗姆酒酿出成熟的味道

朗姆葡萄干冰淇淋

◉材料（约4人份）1人份**290千卡**

鲜奶油·····························100克
细砂糖 ·························· 46克
牛奶······························300克
朗姆葡萄干······················· 30克
盐·························· 1挖耳勺的量

◉制作方法

❶容器中放入鲜奶油和细砂糖，用打泡器打出八九成泡沫。

❷再加入牛奶和盐，粗略混合。

❸将冷冻好的不锈钢桶安置在冰淇淋机上，放入步骤❷混合好的材料，按下开关！

❹在冰淇淋即将完成之前（完成前1分钟）加入朗姆葡萄干。

朗姆葡萄干的
制作方法

最好选用未经表面处理的有机葡萄干，将30克葡萄干加入容器中，加满朗姆酒。再加入鲜柠檬片1片，或者柠檬汁16克，存放于常温中。静置2周等味道完全渗透之后，用于冰淇淋，会得到更美的味道。

COCOA-ICE

孩子的最爱，人气第一！

可可冰淇淋

◉**材料**（约4人份）1人份**214千卡**

鲜奶油······················100克
细砂糖 ····················· 46克
牛奶························300克
可可粉····················· 15克
盐························· 1挖耳勺的量

◉**制作方法**

❶容器中放入鲜奶油和细砂糖，用打泡器打出八九成泡沫。
❷再加入盐和牛奶、可可粉，粗略混合。
❸将冷冻好的不锈钢桶安置在冰淇淋机上，放入步骤❷混合好的材料，按下开关！

CARAMEL-ICE

享受焦糖特有的苦味

焦糖冰淇淋

◉材料（约4人份）1人份**316千卡**

A	细砂糖 ………………… 100克
	水 ………………… 1大匙
	鲜奶油 ………………… 100克
	（用小火轻微加热备用）
牛奶 ………………… 300克
鲜奶油 ………………… 50克
细砂糖 ………………… 5克
盐 ………………… 1挖耳勺的量

◉制作方法

制作焦糖奶油

❶在平底不粘锅中，加入材料A中的细砂糖和水，用中火制作焦糖。

❷再加入材料A中的鲜奶油，用中火熬制出霜状之后冷却备用。

❸在焦糖奶油中加入牛奶，粗略混合。

制作冰淇淋

❹容器中放入鲜奶油和细砂糖，用打泡器打出八九成泡沫。

❺将冷冻好的不锈钢桶安置在冰淇淋机上，放入步骤❸、❹混合好的材料及盐，按下开关！

★搭配曲奇或威化饼干食用，味道非常棒。

CHOCOLATE MARSHMALLOW-ICE

柔软的棉花糖
巧克力棉花糖冰淇淋

●**材料**(约4人份) **1人份229千卡**

鲜奶油·······················100克
细砂糖 ····················· 46克
可可粉 ····················· 25克
牛奶·······················300克
棉花糖 ····················· 10克
盐·····················1挖耳勺的量

●**制作方法**

❶容器中放入鲜奶油和细砂糖,用打泡器打出八九成泡沫。

❷再加入可可粉,用打泡器搅打至鲜奶油和可可粉彻底融合(如果使用电动打泡器,在这个环节请换成手动打泡器)。

❸步骤❷混合好的材料中加入牛奶和盐,粗略混合。

❹将冷冻好的不锈钢桶安置在冰淇淋机上,放入步骤❸混合好的材料,按下开关!在即将完成之前(约2分钟前)加入棉花糖。

被淹没的冰淇淋——阿芙佳朵

"阿芙佳朵"（AFFOGATO），是给冰淇淋浇淋了浓缩热咖啡的意大利甜品。

此外，阿芙佳朵在意大利语中表示"淹没"的意思。

也就是说，这款掉进苦口浓缩咖啡中的甜心冰淇淋，从口感和名字来看，都是属于成年人的挚爱。

事实上它的做法超级简单。

当你在午茶时间或餐后推出这款点心时，绝对是作为"难以言喻的别致点心"深受众人欢喜。

甚至是对甜味不感兴趣的男士，对阿芙佳朵却是情有独钟呢，一定要试试看哦！

◉**材料**

基础牛奶冰淇淋等（参考P8~11）·············· 适量

意式浓缩咖啡··· 适量

◉**制作方法**

杯中放入冰淇淋，在上面浇淋意式浓缩咖啡。注意，此款点心忌用软冰淇淋。因为瞬间它会融化掉。另外，如有遗忘在冰箱冷柜中，变得过度坚硬的冰淇淋，可用来制作阿芙佳朵，效果很不错。

MILK TEA-ICE

连茶叶一起吃也好吃!

奶茶冰淇淋

◉材料(约4人份) 1人份228千卡

A ┌ 红茶(最好使用皇家红茶或伯爵红
  │   茶) ·······················5克
  └ 牛奶 ························100克
鲜奶油 ·····························100克
细砂糖 ······························50克
牛奶 ·······························300克
盐 ·························1挖耳勺的量

◉制作方法

煮奶茶

❶将 A 的牛奶中加入红茶加热。煮沸后调到小火，泡10分钟，散热。

❷茶放凉后，用茶漏过滤。挤干茶叶，萃取茶水。

制作冰淇淋

❸容器中放入鲜奶油和细砂糖，用打泡器打出八九成泡沫。

❹再加入奶茶和牛奶、盐，粗略混合。根据个人喜好，可添加茶叶。茶叶在加入之前，需用料理机磨细。

❺将冷冻好的不锈钢桶安置在冰淇淋机上，放入步骤❹混合好的材料，按下开关!

大麦茶冰淇淋

●**材料**（约4人份）1人份**220千卡**

A ┌ 大麦茶··························· 10克
　└ 牛奶··························· 100克
鲜奶油····························· 100克
细砂糖····························· 46克
牛奶······························· 300克
盐····························· 1挖耳勺的量

● **制作方法**

煮大麦奶茶

❶ 将 A 的牛奶中加入大麦茶，煮沸后调至小火，由于水分不多，加热时需用手倾斜小锅，继续煮10分钟左右，散热。

❷ 放凉后用保鲜膜包好，存放1个晚上。

❸ 用茶漏过滤，即为大麦奶茶。

制作冰淇淋

❹ 容器中加入鲜奶油和细砂糖，用打泡器打出八九成泡沫。

❺ 再加入步骤❸过滤后的奶茶和牛奶、盐，粗略混合。

❻ 将冷冻好的不锈钢桶安置在冰淇淋机上，放入步骤❺混合好的材料，按下开关！

焙茶冰淇淋

●**材料**（约4人份）1人份**220千卡**

A ┌ 焙(炒)茶··························· 3克
　└ 牛奶··························· 100克
鲜奶油····························· 100克
细砂糖····························· 46克
牛奶······························· 300克
盐····························· 1挖耳勺的量

● **制作方法**

煮奶茶

❶ 将 A 的牛奶中加入焙茶，煮沸后调至小火，由于水分不多，加热时小锅需用手倾斜，继续煮10分钟左右后，散热。

❷ 放凉后用保鲜膜包好，存放1个晚上。

❸ 奶茶需用料理机磨细。

制作冰淇淋

❹ 容器中加入鲜奶油和细砂糖，用打泡器打出八九成泡沫。

❺ 再加入奶茶和牛奶、盐，粗略混合。

❻ 将冷冻好的不锈钢桶安置在冰淇淋机上，放入步骤❺混合好的材料，按下开关！

BARLEY TEA-ICE

ROASTED TEA-ICE

鲜奶油、牛奶统统不用!
健康的豆浆冰淇淋

鸡蛋、鲜奶油、牛奶全都不用,居然能做出质感醇厚,口味醇正的冰淇淋!
豆浆冰淇淋属于低热量食品,推荐给瘦身期控制冰淇淋的朋友们。

◉材料(约4人份)1人份**91千卡**

豆浆 ·· 400克
细砂糖 ·· 46克
盐 ·· 3挖耳勺的量

◉制作方法
❶容器中放入豆浆、盐和细砂糖,粗略混合。
❷将冷冻好的不锈钢桶安置在冰淇淋机上,倒入混合后的豆浆,按下开关!

为什么是豆浆呢?

本款是为了受限于乳制品的朋友发来的请求而研发的,彻底不使用鲜奶油及牛奶的豆浆冰淇淋。不必担心豆浆的气味,用豆浆制成的冰淇淋,质感柔软,口味浓厚。

CHAPTER 2

蔬菜满满
健康的蔬菜
冰淇淋

本章介绍的是,加入了富含食物纤维的卷心菜、南瓜的健康冰淇淋,
更有用汁液丰富的西红柿、芦笋制成的爽口蔬菜冰淇淋。
重点在于,如何将蔬菜原本的甘味和口感毫无损失地展现出来。
面对如此美丽又好吃的食物,
即使讨厌蔬菜的小朋友,也必定会喜出望外!

AVOCADO-ICE

牛油果冰淇淋

◉**材料**（约4人份）1人份**234千卡**

牛油果（去皮去核，切适口尺寸，备用。a~c）

·················· 1个分量（约100克）

鲜奶油·················· 100克

细砂糖 ··················46克

牛奶·················· 200克

盐·················· 3挖耳勺的量

◉**制作方法**

❶容器中放入鲜奶油和细砂糖，用打泡器打出八九成泡沫。

❷再加入适口尺寸的牛油果，用打泡器一边捣碎一边混合（d）。

❸块状的牛油果细碎之后，加入牛奶和盐，粗略混合（e）。

❹将冷冻好的不锈钢桶安置在冰淇淋机上，放入步骤❸混合好的材料，按下开关！

♪ **重点在这里**！

牛油果纵向切开。

取核。

果皮和果肉之间入刀去皮，取出果肉，切成适口尺寸。

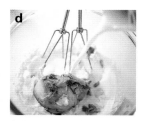

在容器中将鲜奶油和细砂糖用打泡器打出八九成泡沫，加入牛油果果肉，一边压碎一边搅拌。

充分混合，直到看不见块状的牛油果。

含有丰富的食物纤维，非常健康

卷心菜冰淇淋

◉**材料**（约4人份）1人份**180千卡**

卷心菜（略蒸的卷心菜）················80克
鲜奶油······························80克
细砂糖······························40克
牛奶·······························300克
盐····························3挖耳勺的量

◉**制作方法**

❶ 容器中放入鲜奶油和细砂糖，用打泡器打出八九成泡沫。

❷ 再加入牛奶和盐，粗略混合。

❸ 蒸熟的卷心菜放入料理机中磨细之后，加入步骤❷的材料中粗略混合。

❹ 将冷冻好的不锈钢桶安置在冰淇淋机上，放入步骤❸混合好的材料，按下开关！

CABBAGE-ICE

PUMPKIN-ICE

温和的甜味，十足的饱腹感令人欣喜

南瓜冰淇淋

◉材料（约4人份）1人份250千卡

南瓜(蒸熟后连皮捣碎)⋯⋯⋯⋯⋯200克

鲜奶油⋯⋯⋯⋯⋯⋯⋯⋯⋯⋯150克

细砂糖 ⋯⋯⋯⋯⋯⋯⋯⋯⋯⋯48克

牛奶⋯⋯⋯⋯⋯⋯⋯⋯⋯⋯⋯250克

盐⋯⋯⋯⋯⋯⋯⋯⋯⋯⋯2挖耳勺的量

◉制作方法

❶容器中放入鲜奶油和细砂糖，用打泡器打出八九成泡沫。

❷加入蒸熟捣碎的南瓜，用打泡器充分搅拌。

❸再加入牛奶和盐，粗略混合。

❹将冷冻好的不锈钢桶安置在冰淇淋机上，放入步骤❸混合好的材料，按下开关!

含有丰富的食物纤维，非常健康

西红柿冰淇淋

◉材料（约4人份）1人份196千卡

西红柿汁	200毫升
鲜奶油	100克
细砂糖	46克
柠檬果汁	4克
牛奶	200克
盐	3挖耳勺的量

◉制作方法

❶容器中放入鲜奶油和细砂糖，用打泡器打出八九成泡沫。

❷加入西红柿汁和柠檬汁，用打泡器快速搅拌混合。

❸再加入牛奶和盐，粗略混合。

❹将冷冻好的不锈钢桶安置在冰淇淋机上，放入步骤❸混合好的材料，按下开关！

TOMATO-ICE

CARROT GLACÉ-ICE

不爱吃胡萝卜，这个可以吃哦！

黄油胡萝卜
冰淇淋

◉材料（约4人份）**1人份288千卡**

黄油胡萝卜（胡萝卜蒸熟后捣碎，用10克有
盐黄油调制后冷却）⋯⋯⋯⋯⋯⋯ 80克
鲜奶油⋯⋯⋯⋯⋯⋯⋯⋯⋯⋯⋯⋯ 150克
细砂糖 ⋯⋯⋯⋯⋯⋯⋯⋯⋯⋯⋯ 50克
牛奶⋯⋯⋯⋯⋯⋯⋯⋯⋯⋯⋯⋯300克
盐⋯⋯⋯⋯⋯⋯⋯⋯⋯⋯ 3挖耳勺的量

◉制作方法

❶容器中放入鲜奶油和细砂糖，用打泡
器打出八九成泡沫。
❷加入黄油胡萝卜，用打泡器快速搅拌
混合。
❸再加入牛奶和盐，粗略混合。
❹将冷冻好的不锈钢桶安置在冰淇淋机
上，放入步骤❸混合好的材料，按下开
关！

SPINACH-ICE

隐隐约约的酱油味道，才是美味的秘诀

菠菜冰淇淋

◉材料（约4人份）**1人份207千卡**

菠菜（煮熟后捣碎，加入少许酱油调味）
⋯⋯⋯⋯⋯⋯⋯⋯⋯⋯⋯⋯⋯ 50克
鲜奶油⋯⋯⋯⋯⋯⋯⋯⋯⋯⋯⋯ 100克
细砂糖 ⋯⋯⋯⋯⋯⋯⋯⋯⋯⋯ 46克
牛奶⋯⋯⋯⋯⋯⋯⋯⋯⋯⋯⋯⋯300克
盐⋯⋯⋯⋯⋯⋯⋯⋯⋯⋯ 2挖耳勺的量

◉制作方法

❶容器中放入鲜奶油和细砂糖，用打泡
器打出八九成泡沫。
❷加入菠菜，用打泡器快速搅拌混合。
❸再加入牛奶和盐，粗略混合。
❹将冷冻好的不锈钢桶安置在冰淇淋机
上，放入步骤❸混合好的材料，按下开
关！

水润的甘味，清爽的口感

芦笋冰淇淋

◉ 材料（约4人份）1人份**232千卡**

芦笋（煮熟后用料理机磨碎）	100克
鲜奶油	120克
细砂糖	46克
牛奶	300克
盐	2挖耳勺的量

◉ 制作方法

❶ 容器中放入鲜奶油和细砂糖，用打泡器打出八九成泡沫。

❷ 加入芦笋，用打泡器快速搅拌混合。

❸ 再加入牛奶和盐，粗略混合。

❹ 将冷冻好的不锈钢桶安置在冰淇淋机上，放入步骤❸混合好的材料，按下开关！

GREEN ASPARAGUS-ICE

GREEN SOYBEAN-ICE

BURDOCK ROOT-ICE

温润的口感与和式甘甜味的完美搭配

毛豆冰淇淋

◉**材料**（约4人份）1人份**237千卡**

毛豆（煮熟）·····················100克
鲜奶油·····························100克
细砂糖·······························46克
牛奶·······························300克
盐···························3挖耳勺的量

◉**制作方法**

❶容器中放入鲜奶油和细砂糖，用打泡器打出八九成泡沫。

❷加入捣碎的毛豆，用打泡器快速搅拌混合。

❸再加入牛奶和盐，粗略混合。

❹将冷冻好的不锈钢桶安置在冰淇淋机上，放入步骤❸混合好的材料，按下开关！

膳食纤维的精华。史上最健康!

牛蒡冰淇淋

◉**材料**（约4人份）1人份**206千卡**

牛蒡（使用削成斜薄片并经过冷冻的牛蒡，比较方便。如果使用生牛蒡，先将牛蒡削成斜薄片，用醋水浸泡去除涩味，再用沸水迅速焯一下，捞起备用。）·····················20克
鲜奶油 ·····························100克
细砂糖 ·······························46克
牛奶 ·······························300克
盐···························3挖耳勺的量

◉**制作方法**

❶容器中放入鲜奶油和细砂糖，用打泡器打出八九成泡沫。

❷再加入牛奶和盐，粗略混合。

❸牛蒡用料理机细磨（如果没有料理机，可使用蒜臼捣碎），加入步骤❷的材料中粗略混合。

❹将冷冻好的不锈钢桶安置在冰淇淋机上，放入步骤❸混合好的材料，按下开关！

CORN-ICE

玉米的幽香甘甜味，悄然扩散

玉米冰淇淋

◉材料（约4人份）1人份**216千卡**

玉米（玉米煮熟，用工具剥下玉米粒，并捣碎备用，可以使用罐头玉米，不过鲜玉米的味道更好！）······················ 50克

鲜奶油····························· 100克

细砂糖 ····························· 46克

牛奶······························300克

盐····························· 2挖耳勺的量

◉制作方法

❶容器中放入鲜奶油和细砂糖，用打泡器打出八九成泡沫。

❷加入捣碎的玉米和盐，用打泡器快速搅拌混合。

❸再加入牛奶，粗略混合。

❹将冷冻好的不锈钢桶安置在冰淇淋机

上，放入步骤❸混合好的材料，按下开关!

PURPLE POTATO-ICE

温和的风味，实实在在的饱腹感

紫薯冰淇淋

◉材料（约4人份）1人份**240千卡**

紫薯(蒸熟后连皮捣碎备用)··········· 100克

鲜奶油····························· 100克

细砂糖 ·························· 50克

牛奶····························· 300克

盐····················· 1挖耳勺的量

◉制作方法

❶容器中放入鲜奶油和细砂糖，用打泡器打出八九成泡沫。

❷加入紫薯，用打泡器快速搅拌混合。

❸再加入牛奶和盐，粗略混合。

❹将冷冻好的不锈钢桶安置在冰淇淋机上，放入步骤❸混合好的材料，按下开关！

JAPANESE GINGER-ICE

口齿留香，回味无穷
蘘荷冰淇淋

◉材料（约4人份）**1人份205千卡**

鲜奶油 ·······················100克
细砂糖 ························46克
牛奶 ·························300克
蘘荷························50克
盐·····················2挖耳勺的量

◉制作方法

❶容器中放入鲜奶油和细砂糖，用打泡器打出八九成泡沫。

❷再加入牛奶和盐，粗略混合。

❸蘘荷用料理机磨细（如果没有料理机，先将蘘荷切成小段，用蒜臼捣碎），加入步骤❷的材料中粗略混合。

❹将冷冻好的不锈钢桶安置在冰淇淋机上，放入步骤❸混合好的材料，按下开关!

CHAPTER 3

汁水丰饶的果汁，囊括美丽色泽的
水果冰淇淋

将桃子、葡萄、苹果等水果连皮使用等做法，保留了浓郁的果香，
制作出五彩斑斓的水果冰淇淋。
另外，本章介绍的水果冰淇淋，特别保留了水果原本的口感。
色香味俱全，令人喜笑颜开的冰淇淋来了！

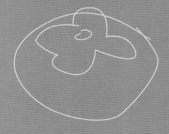

BANANA-ICE

用平底锅连皮煎烤，甜味升级！

完熟香蕉冰淇淋

◉**材料**（约4人份）1人份**237千卡**

香蕉·······························中等大小1根
★厄瓜多尔等中南美洲国家的香蕉，味道浓郁，可做出一流的冰淇淋。
枫糖浆（如果没有，可用黑糖或黄砂糖）·······5克
细砂糖 ·····························5克
鲜奶油·····························100克
细砂糖·····························46克
牛奶·······························300克
盐·································1挖耳勺的量

◉**制作方法**
煎烤香蕉
❶香蕉连皮放在平底锅中用大火烘焙。等表皮变得焦黑，调至小火（a）。
❷等表皮全黑、溢出水分就熄火，剥掉香蕉皮，用叉子取出香蕉肉（b~c）。
❸在容器中依次加入香蕉肉、枫糖浆、细砂糖，充分搅拌混合（d、e）。
制作冰淇淋
❹容器中放入鲜奶油和细砂糖，用打泡器打出八九成泡沫。
❺再加入牛奶和步骤❸的材料、盐，粗略混合。
❻将冷冻好的不锈钢桶安置在冰淇淋机上，放入步骤❺混合好的材料，按下开关！

♪ **重点在这里!**

香蕉连皮放在平底锅上，焙至香蕉皮发黑，渗出水分为止。尽量使用不粘平底锅。

熄火，用刀切开香蕉皮并剥掉。

果肉用叉子等工具取出。

放至容器中。

加入枫糖浆和细砂糖，压碎果肉并充分混合。

TSUBU TSUBU STRAWBERRY-ICE

决定美味的关键，是最后加入草莓！

草莓冰淇淋

◉材料（约4人份）1人份**235千卡**

A ┌ 细砂糖 ················· 20克
  └ 君度酒 ················· 20克
草莓（去蒂纵向切4瓣备用）·······100克
鲜奶油···················· 100克
细砂糖 ···················· 46克
牛奶······················ 250克
盐 ······················ 1挖耳勺的量

◉制作方法

糖渍草莓

❶混合好A的材料，再加入草莓，然后在常温中放置30分钟左右。

制作冰淇淋

❷容器中加入鲜奶油和细砂糖，用打泡器打出八九成泡沫。

❸再加入牛奶和盐，粗略混合。

❹将冷冻好的不锈钢桶安置在冰淇淋机上，放入步骤❸混合好的材料，按下开关！做好的冰淇淋中放入步骤❶的糖渍草莓，小心混合以免破坏草莓粒。

KIWI-ICE

牛奶的浓郁口感与酸酸甜甜的味道入口难忘

猕猴桃冰淇淋

◉材料（约4人份）1人份**167千卡**

鲜奶油·······················50克
细砂糖·······················46克
猕猴桃（去皮切薄片备用）·······200克
牛奶·························250克
盐·······················1挖耳勺的量

◉制作方法

❶容器中放入鲜奶油和细砂糖，用打泡器打出八九成泡沫。

❷再加入猕猴桃，用打泡器反复搅打，直到看不见猕猴桃的块。

❸再加入牛奶和盐，粗略混合。

❹将冷冻好的不锈钢桶安置在冰淇淋机上，放入步骤❸混合好的材料，按下开关!

FRESH PEACH-ICE

虽然连皮制作，竟是上等妙品!

鲜桃冰淇淋

◉ **材料**（约4人份）**1人份222千卡**

	桃子（带皮） ·················	1个
A	细砂糖 ···················	15克
	白兰地 ···················	10克
鲜奶油 ·······················		100克
细砂糖 ·······················		40克
牛奶 ·························		200克
盐 ··························		1挖耳勺的量

◉ **制作方法**

糖渍桃子

❶ 在清洗桃子时，洗净桃皮表面的毛。桃子用刀切成梳子形，放进容器中。

❷ 再撒入A的细砂糖，上面浇淋白兰地。为了糖水均匀渗入桃肉中，用铲子等工具轻轻搅动。在常温中放置20分钟。

制作冰淇淋

❸ 容器中放入鲜奶油和细砂糖，用打泡器打出八九成泡沫。

❹ 再加入桃子和糖水，用打泡器快速搅打，直到看不见桃子的块。

❺ 再加入牛奶和盐，粗略混合。

❻ 将冷冻好的不锈钢桶安置在冰淇淋机上，放入步骤❺混合好的材料，按下开关!

GRAPE-ICE

把葡萄皮也一起放进去，好美味哟!

葡萄冰淇淋

◉**材料**（约4人份）1人份**170千卡**

鲜奶油······································ 50克
细砂糖 ································· 46克
牛奶 ································· 250克
葡萄（切半去籽。连皮使用，无须去皮）···200克
★巨峰葡萄最理想，如果没有巨峰葡萄，可使用
其他葡萄。
盐··························· 1挖耳勺的量

◉**制作方法**

❶容器中放入鲜奶油和细砂糖，用打泡器打出八九成泡沫。

❷再加入牛奶和葡萄、盐，粗略混合。

❸将冷冻好的不锈钢桶安置在冰淇淋机上，放入步骤❷混合好的材料，按下开关!

★如果觉得不够味，可将250克的牛奶改为牛奶200克+葡萄果汁50克。

MAROON-ICE

想念栗子的咀嚼感和芳香气味时

栗子粒冰淇淋

◉ **材料**（约4人份）1人份**231千卡**

鲜奶油·····················100克
细砂糖 ·····················46克
牛奶························300克
栗子（去皮后切成5毫米大小的块备用）·····10粒
盐···························1挖耳勺的量

◉ **制作方法**

❶容器中放入鲜奶油和细砂糖，用打泡器打出八九成泡沫。

❷再加入牛奶和盐，粗略混合。

❸将冷冻好的不锈钢桶安置在冰淇淋机上，放入步骤❷混合好的材料，按下开关！在即将完成之前（约2分钟之前）加入栗子。

想要栗子浓郁的香味时

特浓栗子冰淇淋

◉ **材料**（约4人份）1人份**237千卡**

鲜奶油·····················100克
细砂糖 ·····················40克
栗子酱·····················60克
★法国产或国产均可。如果使用法国产栗子酱，可滴入少许白兰地增添风味。
牛奶························300克
盐···························1挖耳勺的量

◉ **制作方法**

❶容器中放入鲜奶油和细砂糖，用打泡器打出八九成泡沫。

❷再加入栗子酱，用打泡器快速搅拌混合。

❸再加入牛奶和盐，粗略混合。

❹将冷冻好的不锈钢桶安置在冰淇淋机上，放入步骤❸混合好的材料，按下开关！

使用熟柿子，享受软滑细腻的口感

柿子冰淇淋

◉材料（4人份）1人份**234千卡**

鲜奶油·························· 100克
细砂糖····················· 46克
牛奶······················ 300克
柿子（熟到用刀轻轻一划就破的程度。去核备用。皮不用
剥掉。）······················ 1个
★如果没有熟柿子，只有硬柿子，预先连皮磨细。
盐·····················1挖耳勺的量

◉制作方法

❶容器中放入鲜奶油和细砂糖，用打泡器打出
八九成泡沫。
❷加入整个柿子，用打泡器快速搅拌混合。
❸再放入牛奶和盐，用打泡器粗略混合。
❹将冷冻好的不锈钢桶安置在冰淇淋机上，放入
步骤❸混合好的材料，按下开关!

KAKI-ICE

MIKAN-ICE

每一口都会弹出果汁的感觉

柑橘冰淇淋

◉材料（约4人份）1人份**330千卡**

┌ 柑橘·······················8个
A│ 水·······················400克
└ 细砂糖·······················800克
鲜奶油·······················100克
细砂糖·······················50克
牛奶·······················200克
盐·······················1挖耳勺的量

◉制作方法

制作柑橘糖水

❶柑橘去皮，尽量去净白色的经络部分。与A的水和细砂糖一起，用中火煮15分钟，制作柑橘糖水（a）。放置一夜。

制作冰淇淋

❷容器中加入鲜奶油和细砂糖，用打泡器打出八九成泡沫。

❸再加入放置一夜的柑橘糖水和盐，用打泡器仔细混合。剩余的柑橘可加入酸奶中，或用其他方法食用。

❹再加入牛奶粗略混合。

❺将冷冻好的不锈钢桶安置在冰淇淋机上，加入步骤❹混合好的材料，按下开关！

在沙沙融化的口感过后散发着苹果甜蜜的芳香

苹果泥冰淇淋

◉材料（约4人份）1人份**203千卡**

A ⎡ 盐·····························1挖耳勺的量
  ⎣ 苹果（连皮或去皮打磨）···半个（约120克）

鲜奶油····························100克
细砂糖····························46克
牛奶······························200克

◉制作方法

❶A的苹果中加盐，防止苹果变色。

❷容器中放入鲜奶油和细砂糖，用打泡器打出八九成泡沫。

❸加入步骤❶的材料，用打泡器充分搅拌。

❹再加入牛奶，粗略混合。

❺将冷冻好的●不锈钢桶安置在冰淇淋机上，放入步骤❹混合好的材料，按下开关!

在口中逐渐扩散的南国香气

西番莲
冰淇淋

◉材料（约4人份）1人份**220千卡**

鲜奶油·····························100克

细砂糖 ·····························46克

冷冻西番莲酱·······················100克

牛奶·······························300克

盐·····························1挖耳勺的量

◉制作方法

❶容器中放入鲜奶油和细砂糖，用打泡器打出八九成泡沫。

❷加入冷冻西番莲酱，用打泡器快速搅拌。

❸再加入牛奶和盐，粗略混合。

❹将冷冻好的不锈钢桶安置在冰淇淋机上，放入步骤❸混合好的材料，按下开关！

尽享蓝莓浓郁的香气

蓝莓冰淇淋

◉材料（约4人份）1人份**229千卡**

鲜奶油·····························100克

细砂糖 ·····························60克

冷冻蓝莓（解冻后捣碎）···············120克

牛奶·······························300克

盐·····························1挖耳勺的量

◉制作方法

❶容器中放入鲜奶油和细砂糖，用打泡器打出八九成泡沫。

❷加入蓝莓，用打泡器快速搅拌。

❸再加入牛奶和盐，粗略混合。

❹将冷冻好的不锈钢桶安置在冰淇淋机上，放入步骤❸混合好的材料，按下开关！

★使用鲜蓝莓的制作方法相同。

PASSIONFRUIT-ICE

BLUE BERRY-ICE

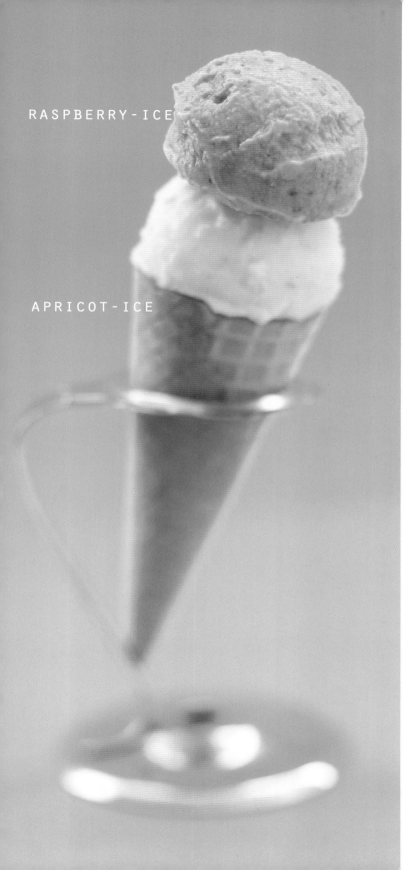

RASPBERRY-ICE

APRICOT-ICE

树莓冰淇淋

◉**材料**（约4人份）**1**人份**214千卡**

鲜奶油··································· 100克
细砂糖 ·································· 46克
冷冻树莓酱（解冻备用）·········· 100克
牛奶···································300克
盐···························· 1挖耳勺的量

◉**制作方法**

❶容器中放入鲜奶油和细砂糖，用打泡器打出八九成泡沫。
❷加入树莓酱，用打泡器快速搅拌混合。
❸再加入牛奶和盐，粗略混合。
❹将冷冻好的不锈钢桶安置在冰淇淋机上，放入步骤❸混合好的材料，按下开关！

杏味冰淇淋

◉**材料**（约4人份）**1**人份**226千卡**

鲜奶油··································· 100克
细砂糖 ·································· 60克
冷冻杏肉（解冻后轻轻捣碎）········ 100克
牛奶···································300克
盐···························· 1挖耳勺的量

◉**制作方法**

❶容器中放入鲜奶油和细砂糖，用打泡器打出八九成泡沫。
❷加入杏肉，用打泡器快速搅拌混合。
❸再加入牛奶和盐，粗略混合。
❹将冷冻好的不锈钢桶安置在冰淇淋机上，放入步骤❸混合好的材料，按下开关！

冰淇淋水果三明治

水果三明治，在女生群体中人气最高的单品。
如此受人追捧的水果三明治，加上冰凉甘甜的冰淇淋，真是不吃不知道，一吃忘不掉哦。
夏天搭配冰茶，冬天搭配热咖啡，美味再次升级。
用吐司制作的冰淇淋水果三明治，又是另一番品味。各种滋味，都试试看哦！

◉材料（4人份）

吐司……………………………………………适量

冰淇淋（参照P8~11，挑选自己喜欢的冰淇淋）…适量

水果（新鲜水果或水果罐头）………………适量

◉制作方法

❶吐司切半，涂满冰淇淋。　❷再摆放上喜欢的水果。　❸另一半吐司上面涂满冰淇淋，盖在上面。　❹用手轻轻按压，以便水果和冰淇淋吻合。

CHAPTER 4

芳香的坚果和大量和风素材的
坚果冰淇淋和和风冰淇淋

这一章给大家介绍的是，
用分量十足的核桃仁和杏仁等营养满分、口味浓郁的坚果制成的坚果冰淇淋和
选取抹茶、红豆、樱花等和式素材制作的和风冰淇淋。
如果想吃焦香味的甜品，请选坚果冰淇淋，
作为日本餐后伴侣或休闲的下午茶，请选和风冰淇淋。

坚果冰淇淋

不含鸡蛋的冰淇淋，具有爽口的特征。
加了芳香、滋润的坚果，
会产生独特的醇厚感，味道非常棒。
还有一点，经炒制的坚果会更加芳香和好吃，
所以，请不要节省炒香坚果的工夫哦！

蜂蜜和核桃仁的组合，升级版美味！

核桃仁冰淇淋

◉材料（约4人份）1人份**245千卡**

材料	用量
核桃仁	20克
蜂蜜（或低聚糖浆）	10克
鲜奶油	100克
细砂糖	46克
牛奶	300克
盐	1挖耳勺的量

◉制作方法

制作核桃仁糖

❶核桃仁用平底锅或烤箱烤至颜色微变的程度。如果用燃气烤箱，用180℃烤5分钟左右。不同品牌的烤箱略有差异，请根据自家烤箱进行微调整。

❷核桃仁捣碎（a），之后加入蜂蜜混合（b）。

制作冰淇淋

❸容器中放入鲜奶油和细砂糖，用打泡器打出八九成泡沫。

❹再加入与蜂蜜混合的核桃碎，用打泡器快速搅拌。

❺再加入牛奶和盐，粗略混合。

❻将冷冻好的不锈钢桶安置在冰淇淋机上，放入步骤❺混合好的材料，按下开关！

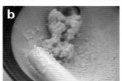

花点小工夫，制作品味上等的高级冰淇淋

杏仁糖冰淇淋

◉材料（约4人份）1人份**218千卡**

	材料	用量
A	杏仁片	80克
	水	2大匙
	细砂糖	100克
	鲜奶油	100克
	细砂糖	46克
	牛奶	300克
	盐	1挖耳勺的量

◉制作方法

制作杏仁糖

❶用平底锅或烤箱，将杏仁片烤至茶色（a）。如果使用燃气烤箱，用180℃烤3分钟。

❷平底锅中加入A的细砂糖平铺，加水充分混合之后，用中火加热，熬成焦糖沙司（b、c、d）。

❸加入烤好的杏仁片，充分搅动（e）。

❹将步骤❸混合好的材料平铺在烘焙纸上散热（f、g）。

制作冰淇淋

❺容器中放入鲜奶油和细砂糖，用打泡器打出八九成泡沫。

❻再加入牛奶和盐，粗略混合。

❼将步骤❹做好的杏仁糖取24克放进塑料袋中，用研磨棒轻轻敲碎。将冷冻好的不锈钢桶安置在冰淇淋机上，放入步骤❻混合好的材料，按下开关！在即将完成之前（约2分钟之前），加入杏仁糖碎。

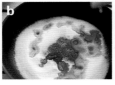
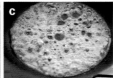

★剩余的杏仁糖，可放进密封袋中冷冻保存。

可搭配白葡萄酒的上等品味

腰果冰淇淋

◉材料（约4人份）1人份276千卡

腰果·······························40克

蜂蜜（建议使用槐花蜜等常见的蜂蜜、或者低
聚糖）······························20克

鲜奶油·····························100克

细砂糖····························· 46克

牛奶·····························300克

盐·····························1挖耳勺的量

◉制作方法

制作腰果糖

❶腰果用平底锅或烤箱烤至颜色微变的
程度。如果用燃气烤箱，用180℃烤5分
钟左右。不同品牌的烤箱略有差异，请
根据自家烤箱进行微调整。

❷将烤腰果磨为细颗粒。之后加入蜂蜜
混合。

制作冰淇淋

❸容器中放入鲜奶油和细砂糖，用打泡
器打出八九成泡沫。

❹加入步骤❷的材料和盐，用打泡器粗
略混合。

❺再加入牛奶，粗略混合。

❻将冷冻好的不锈钢桶安置在冰淇淋机
上，放入步骤❺混合好的材料，按下开
关！

CASHEW NUT-ICE

PEANUT-ICE

舌尖上坚果浓厚的风味，坚果粉丝难以抵挡的诱惑

花生冰淇淋

◉**材料**（约4人份）1人份**237千卡**

鲜奶油·······················100克
细砂糖 ·······················50克
牛奶·························300克
花生酱（无糖）···················20克
盐··························1挖耳勺的量

◉**制作方法**

❶容器中放入鲜奶油和细砂糖，用打泡器打出八九成泡沫。

❷加入花生酱和盐，用打泡器快速搅拌混合。

❸再加入牛奶，粗略混合。

❹将冷冻好的不锈钢桶安置在冰淇淋机上，放入步骤❸混合好的材料，按下开关！

和风冰淇淋

想不到爽口而甜度适中的和风冰淇淋，在男性朋友中超受欢迎呢。
从富含维生素的抹茶、芝麻等高营养冰淇淋，
到添加樱花、柚子等华丽素材的冰淇淋，应有尽有，就让你的双目和舌尖尽情享受它们的风情美味吧！

POWDERED TEA-ICE

抹茶冰淇淋

◉**材料**（约 4 人份）1 人份 **206 千卡**

鲜奶油·····················100 克
细砂糖 ····················46 克
抹茶······················5 克
牛奶······················300 克
盐························1 挖耳勺的量

◉**制作方法**

❶容器中放入鲜奶油和细砂糖，用打泡器打出八九成泡沫。

❷再加入牛奶、盐、抹茶，粗略混合。

❸将冷冻好的不锈钢桶安置在冰淇淋机上，放入步骤❷混合好的材料，按下开关!

◉**抹茶**
茶名为"芽美"。位于京都宇治的"京都宇治茶之茶乐"，使用的是冰淇淋专用抹茶。推荐给抹茶冰淇淋粉丝们。在这里能吃到口感醇正,风味深厚的抹茶冰淇淋。

RED BEAN-ICE

和风冰淇淋之王牌！传统正宗的口味

红豆冰淇淋

◉材料（约4人份）1人份258千卡

鲜奶油·······················100克
细砂糖 ····················· 46克
牛奶·······················300克
煮好的红豆···············100克
盐······················· 1挖耳勺的量

◉制作方法

❶容器中放入鲜奶油和细砂糖，用打泡器打出八九成泡沫。

❷再加入盐和牛奶，粗略混合。然后加入煮好的红豆，粗略混合。

❸将冷冻好的不锈钢桶安置在冰淇淋机上，放入步骤❷混合好的材料，按下开关！

PERILLA-ICE

注入清爽的夏日气息

苏子叶冰淇淋

◉**材料**(约4人份) 1人份**204千卡**

鲜奶油·····················100克
细砂糖 ····················· 46克
牛奶·····················300克
苏子叶····················· 5克
盐····················· 1挖耳勺的量

◉**制作方法**

❶容器中放入鲜奶油和细砂糖,用打泡器打出八九成泡沫。

❷再加入盐和牛奶,粗略混合。

❸料理机中加入步骤❷混合好的材料和苏子叶磨细。

❹将冷冻好的不锈钢桶安置在冰淇淋机上,放入步骤❸混合好的材料,按下开关!

★取少量苏子叶切成细丝,装饰在冰淇淋上面食用,味道也很棒。

BLACK SESAME-ICE

与焙茶搭配，体会实实在在的口感

黑芝麻冰淇淋

◉**材料**（约4人份）1人份**247千卡**

鲜奶油	100克
细砂糖	60克
牛奶	300克
黑芝麻糊	20克
盐	1挖耳勺的量

◉**制作方法**

❶容器中放入鲜奶油和细砂糖，用打泡器打出八九成泡沫。

❷再加入牛奶、盐、黑芝麻糊，粗略混合。

❸将冷冻好的不锈钢桶安置在冰淇淋机上，放入步骤❷混合好的材料，按下开关！

虽然口感醇厚，余味却是清爽

白芝麻冰淇淋

◉**材料**（约4人份）1人份**247千卡**

鲜奶油	100克
细砂糖	60克
牛奶	300克
白芝麻糊	20克
盐	1挖耳勺的量

◉**制作方法**

❶容器中放入鲜奶油和细砂糖，用打泡器打出八九成泡沫。

❷再加入牛奶、盐、白芝麻糊，粗略混合。

❸将冷冻好的不锈钢桶安置在冰淇淋机上，放入步骤❷混合好的材料，按下开关！

WHITE SESAME-ICE

CHERRY BLOSSOMS-ICE

微咸味和樱花香演绎的双重奏

樱花冰淇淋

◉**材料**（约4人份）1人份**205千卡**

樱花（用80℃左右的热水焯一下，
　　　去掉咸味）⋯⋯⋯⋯⋯⋯⋯ 20克
鲜奶油⋯⋯⋯⋯⋯⋯⋯⋯⋯⋯100克
细砂糖⋯⋯⋯⋯⋯⋯⋯⋯⋯⋯ 46克
牛奶⋯⋯⋯⋯⋯⋯⋯⋯⋯⋯⋯300克

◉**制作方法**

❶将焯去盐分的樱花用厨用纸巾拭干表面的水，取一半切碎或研磨。

❷容器中放入鲜奶油和细砂糖，用打泡器打出八九成泡沫。

❸再加入牛奶和步骤❶切碎的樱花，粗略混合。

❹将冷冻好的不锈钢桶安置在冰淇淋机上，放入步骤❸混合好的材料，按下开关！在即将完成之前（约2分钟之前）加入剩余的樱花。

MUGWORT-ICE

糯口感的蒿饼!

艾蒿冰淇淋

◉材料（约4人份）**1人份204千卡**

鲜奶油·······················100克
细砂糖 ·······················46克
牛奶·························300克
艾蒿（冷冻）···················6克
盐·······················1挖耳勺的量

★如果使用干艾蒿,需取15克。

◉制作方法

❶容器中放入鲜奶油和细砂糖,用打泡器打出八九成泡沫。

❷再加入牛奶和盐以及用料理机打磨细的艾蒿,粗略混合。

❸将冷冻好的不锈钢桶安置在冰淇淋机上,放入步骤❸混合好的材料,按下开关!

★可搭配红豆馅食用。

清爽之余略带微苦滋味

柚子冰淇淋

◉材料（约4人份）1人份**207千卡**

柚子·····························1个
鲜奶油·······················100克
细砂糖·······················46克
牛奶···························300克
盐····························1挖耳勺的量

◉制作方法

❶柚子洗净切半，榨出果汁。鲜榨果汁在过滤时去籽。切碎约1/4的皮，与柚子果汁混合备用。

❷容器中放入鲜奶油和细砂糖，用打泡器打出八九成泡沫。

❸加入牛奶和盐，粗略混合。再加入步骤❶的材料，粗略混合。

❹将冷冻好的不锈钢桶安置在冰淇淋机上，放入步骤❸混合好的材料，按下开关！

★可取少许切碎的柚子皮进行装饰。

难抵不时刺激味蕾的辛辣感

柚子胡椒冰淇淋

◉材料（约4人份）1人份**204千卡**

鲜奶油·······················100克
细砂糖·······················46克
牛奶···························300克
柚子胡椒·····················2克
盐····························1挖耳勺的量

◉制作方法

❶容器中放入鲜奶油和细砂糖，用打泡器打出八九成泡沫。

❷再加入盐和牛奶，粗略混合。然后加入柚子胡椒，粗略混合。

❸将冷冻好的不锈钢桶安置在冰淇淋机上，放入步骤❷混合好的材料，按下开关！

★可取少许柚子胡椒进行装饰。

CITRON-ICE

CITRON PEPPER-ICE

传统日式冰淇淋

用颇具日本特色的素材，制成了冰淇淋。
不论哪一款，都是绝妙的搭配，味道出乎意料的好，一旦吃过，必定上瘾无疑。
派对中如果推出这些冰淇淋，一定会成为全场话题哟!

UMEBOSHI-ICE

酸酸甜甜! 女性朋友的最爱

腌梅冰淇淋

◉材料（约4人份）**1人份205千卡**

鲜奶油·······················100克
细砂糖 ····················· 40克
腌梅（用蜂蜜等腌渍，去核的甜味腌
梅）·······················3个（约30克）
★如果是咸味腌梅，用1个（去核之后约10克）。
牛奶·······················300克

◉制作方法

❶容器中放入鲜奶油和细砂糖，用打泡器打出八九成泡沫。

❷再加入腌梅，用打泡器打碎，直到看不见大粒块为止。

❸再加入牛奶，粗略混合。

❹将冷冻好的不锈钢桶安置在冰淇淋机上，放入步骤❸混合好的材料，按下开关!

SALT-ICE

SUMI-ICE

咸狗鸡尾酒风格的
盐冰淇淋

◉**材料**(约4人份) 1人份**204千卡**

鲜奶油·······························100克
细砂糖 ····························· 46克
盐··································· 1克
牛奶·······························300克

◉**制作方法**

❶容器中放入鲜奶油和细砂糖,用打泡器打出八九成泡沫。

❷再加入盐和牛奶,粗略混合。

❸将冷冻好的不锈钢桶安置在冰淇淋机上,放入步骤❷混合好的材料,按下开关!

❹将盐(规定量以外)摊平,将打湿的容器边缘倒置在盐上,做成盐边。用这个沾了盐的容器盛冰淇淋,打造出咸狗鸡尾酒的感觉。可一边融化盐边,一边食用冰淇淋。

神秘的味和香
炭冰淇淋

◉**材料**(约4人份) 1人份**204千卡**

鲜奶油·······························100克
细砂糖 ····························· 46克
牛奶·······························300克
食用炭粉····························· 1克
盐······························ 1挖耳勺的量

◉**制作方法**

❶容器中放入鲜奶油和细砂糖,用打泡器打出八九成泡沫。

❷再加入盐和牛奶粗略混合之后,加入食用炭粉再次混合。

❸将冷冻好的不锈钢桶安置在冰淇淋机上,放入步骤❷混合好的材料,按下开关!

◉**食用炭**
具有很高的解毒排毒功效而
备受关注的食用炭,需使用
粉末状的。可在糕点食材店
购买。

口中缓缓散发米饭的甜味

白米冰淇淋

◉**材料**(约4人份)1人份**252千卡**

A ┌ 大米·····················20克
　└ 牛奶·····················150克
鲜奶油·······················100克
细砂糖·······················52克
牛奶·························300克
盐·························1挖耳勺的量

◉**制作方法**

❶A 的牛奶和大米，不经水洗直接放进小锅中加热。煮沸后调至小火，继续煮20分钟。

❷熄火后散热备用。

❸容器中放入鲜奶油和细砂糖，用打泡器打出八九成泡沫。

❹再加入步骤❷的米饭和牛奶、盐粗略混合。

❺将冷冻好的不锈钢桶安置在冰淇淋机上，放入步骤❹混合好的材料，按下开关！

RICE-ICE

口感弹滑的米饭是绝招!

糙米冰淇淋

◉**材料**(约4人份)1人份**252千卡**

A ┌ 糙米·····················20克
　└ 牛奶·····················150克
鲜奶油·······················100克
细砂糖·······················52克
牛奶·························300克
盐·························1挖耳勺的量

◉**制作方法**

❶A 的牛奶和糙米，不经水洗直接放进小锅中加热。煮沸后调至小火，继续煮20分钟。

❷熄火后散热备用。

❸容器中放入鲜奶油和细砂糖，用打泡器打出八九成泡沫。

❹再加入步骤❷的米饭和牛奶、盐粗略混合。

❺将冷冻好的不锈钢桶安置在冰淇淋机上，放入步骤❹混合好的材料，按下开关！

BROWN RICE-ICE

RICE

CHAPTER 5

**用少量余料和身边的
食材制作**

变化球冰淇淋和
分分钟冰淇淋

本章为大家介绍的是,利用香草和香菜等材料制作的"变化球冰淇淋"。
"用这种材料做冰淇淋?会是什么味道呢?"你肯定会情不自禁地对神
秘的口味充满了期待。
此外还有用杯中的剩酒和被忘在冰箱角落里的奶酪等材料,快速制作
的"分分钟冰淇淋"。
让我们怀着激动的心情,试试看吧!

用酒制作的冰淇淋

利用杯中残留的一口红酒，或者瓶底的绍兴酒，做一份大人款冰淇淋怎么样？
由于在制作冰淇淋的过程中酒精会蒸发，酒量不好的朋友大可放心哦。
酒冰淇淋，感受的是纯粹的酒香风味，还是不错的推荐款。

从甜口到辣口，不同种类的日本酒，制造出不同的味道。

日本酒冰淇淋

◉**材料**（约4人份）1人份**217千卡**

鲜奶油	100克
细砂糖	46克
牛奶	300克
日本酒	50克
盐	1挖耳勺的量

◉**制作方法**

❶容器中放入鲜奶油和细砂糖，用打泡器打出八九成泡沫。

❷再加入牛奶、日本酒、盐，粗略混合。

❸将冷冻好的不锈钢桶安置在冰淇淋机上，放入步骤❷混合好的材料，按下开关！

SAKE-ICE

浓郁而柔滑的融化感，令人念念不忘

甜酒冰淇淋

◉**材料**（约4人份）1人份**208千卡**

鲜奶油···································· 100克
细砂糖 ·······························20克
牛奶·································· 200克
甘酒 ·································· 100克
盐·································· 1挖耳勺的量

◉**制作方法**

❶ 容器中放入鲜奶油和细砂糖，用打泡器打出八九成泡沫。

❷ 再加入牛奶、甘酒、盐，粗略混合。

❸ 将冷冻好的不锈钢桶安置在冰淇淋机上，放入步骤❷混合好的材料，按下开关！

AMAZAKE-ICE

果香味和微涩感，在口中荡开

红酒冰淇淋

◉**材料**（约4人份）1人份**213千卡**

鲜奶油·····················100克
细砂糖 ····················· 46克
牛奶·····················300克
红酒····················· 50克
盐····················· 1挖耳勺的量

◉**制作方法**

❶容器中放入鲜奶油和细砂糖，用打泡器打出八九成泡沫。

❷再加入牛奶、红酒、盐，粗略混合。

❸将冷冻好的不锈钢桶安置在冰淇淋机上，放入步骤❷混合好的材料，按下开关！

★将红酒调料般浇淋到冰淇淋上面，与冰淇淋一起食用，口感非常好。

RED WINE-ICE

悄然散发的梅子香

梅酒冰淇淋

◉**材料**（约4人份）1人份**229千卡**

鲜奶油·····························100克
细砂糖 ···························· 40克
牛奶·······························300克
梅酒······························· 80克
盐······························· 1挖耳勺的量

◉**制作方法**

❶容器中放入鲜奶油和细砂糖，用打泡器打出八九成泡沫。

❷再加入牛奶、梅酒、盐，粗略混合。

❸将冷冻好的不锈钢桶安置在冰淇淋机上，放入步骤❷混合好的材料，按下开关！

★与梅子酒中的梅子一起食用，也很好吃。

SHOKOSHU-ICE

独特香气的逆袭

绍兴酒冰淇淋

◉**材料**（约4人份）1人份**213千卡**

鲜奶油·····························100克
细砂糖 ···························· 46克
牛奶·······························300克
绍兴酒····························· 30克
盐······························· 1挖耳勺的量

◉**制作方法**

❶容器中放入鲜奶油和细砂糖，用打泡器打出八九成泡沫。

❷再加入牛奶、绍兴酒、盐，粗略混合。

❸将冷冻好的不锈钢桶安置在冰淇淋机上，放入步骤❷混合好的材料，按下开关！

UMESHU-ICE

MANGO-ICE

用水果罐头即刻制作

家里存放了水果罐头，等于一切准备就绪。
一句"好想吃"，
丰润多汁的手工水果冰淇淋，即刻现身了。
用水果罐头制作的冰淇淋，比鲜水果冰淇淋更具浓郁的甜味。

令人向往的热带风味!

芒果冰淇淋

● 材料（约4人份）1人份 218 千卡

鲜奶油·······························100克
细砂糖 ······························· 30克
芒果（芒果罐头切成适口尺寸）
·····································250克
牛奶································100克
盐································ 1挖耳勺的量

● 制作方法

❶ 容器中放入鲜奶油和细砂糖，用打泡器打出八九成泡沫。

❷ 加入沥干水的芒果块和盐，用打泡器细细搅打，直到芒果没有块为止。

❸ 再加入牛奶，粗略混合。

❹ 将冷冻好的不锈钢桶安置在冰淇淋机上，放入步骤❸混合好的材料，按下开关!

★搭配薄荷也好吃。

PINEAPPLE-ICE

凤梨的酸味是关键!

凤梨冰淇淋

◉**材料**(约4人份)1人份**234千卡**

鲜奶油·······················100克
细砂糖 ······················30克
凤梨(凤梨罐头,切成适口尺寸)·······300克
牛奶·······················100克
盐························· 1挖耳勺的量

◉**制作方法**

❶容器中放入鲜奶油和细砂糖,用打泡器打出八九成泡沫。

❷加入沥干水的凤梨块和盐,用打泡器细细搅打,直到芒果没有块为止。

❸再加入牛奶,粗略混合。

❹将冷冻好的不锈钢桶安置在冰淇淋机上,放入步骤❸混合好的材料,按下开关!

★在冰淇淋下面铺一层凤梨也很好吃。

WHITE PEACH-ICE

孩子和女性朋友中，人气 No.1

白桃冰淇淋

◉材料(约4人份) 1人份235千卡

鲜奶油·······················100克
细砂糖 ························· 30克
白桃(白桃罐头,切成适口尺寸)·······300克
牛奶·························100克
盐··················· 1挖耳勺的量

◉制作方法

❶容器中放入鲜奶油和细砂糖，用打泡器打出八九成泡沫。

❷再加入沥干水的白桃块和盐，用打泡器细细搅打，直到芒果没有块为止。

❸再加入牛奶，粗略混合。

❹将冷冻好的不锈钢桶安置在冰淇淋机上，放入步骤❸混合好的材料，按下开关!

★搭配白桃也极好吃。

PEAR-ICE

红茶和白葡萄酒的绝佳伴侣！

洋梨冰淇淋

◉**材料**(约4人份)1人份**235千卡**

鲜奶油··························100克
细砂糖 ·······················30克
洋梨(洋梨罐头,切成适口尺寸)·······300克
牛奶··························100克
盐··························1挖耳勺的量

◉**制作方法**

❶容器中放入鲜奶油和细砂糖，用打泡器打出八九成泡沫。
❷再加入沥干水的洋梨块和盐，用打泡器细细搅打，直到芒果没有块为止。
❸再加入牛奶，粗略混合。
❹将冷冻好的不锈钢桶安置在冰淇淋机上，放入步骤❸混合好的材料，按下开关！

奶酪和酸奶冰淇淋

用奶酪制作的冰淇淋，具有淡淡的咸味，是男性朋友中的人气冰淇淋！
其中的爆棚款，酸奶冰淇淋散发的柠檬香，引发出无限的清凉感。

PARMIGIANO REGGIANO-ICE

咸味，个性派！

帕尔玛森奶酪
冰淇淋

◉**材料**(约4人份) 1人份**251千卡**

鲜奶油·······················100克
细砂糖 ·······················46克
牛奶···························300克
帕尔玛森奶酪················40克
盐·····················1挖耳勺的量

◉**制作方法**

❶容器中放入鲜奶油和细砂糖，用打泡器打出八九成泡沫。

❷再加入牛奶、盐、削好的帕尔玛森奶酪，粗略混合。

❸将冷冻好的不锈钢桶安置在冰淇淋机上，放入步骤❷混合好的材料，按下开关！

★可搭配切薄的帕尔玛森奶酪片一同食用，也美味。

COTTAGE CHEESE-ICE

温和的大众口味奶酪

白干酪冰淇淋

◉材料（约4人份）1人份230千卡

鲜奶油·······················100克
细砂糖 ······················ 46克
白干酪·······················100克
牛奶·························300克
柠檬汁·························2克
盐·······················1挖耳勺的量

◉制作方法

❶容器中放入鲜奶油和细砂糖，用打泡器打出八九成泡沫。

❷再加入白干酪，用打泡器搅打至白干酪不结块。

❸再加入牛奶、盐、柠檬汁，粗略混合。

❹将冷冻好的不锈钢桶安置在冰淇淋机上，放入步骤❸混合好的材料，按下开关！

★可装饰少许白干酪一同食用。

YOGHURT-ICE

口感清爽，保护肠胃的
酸奶冰淇淋

◉材料（约4人份）**1人份202千卡**

鲜奶油······························100克
细砂糖 ······························46克
酸奶································200克
牛奶································100克
柠檬汁·······························2克
盐·····················1挖耳勺的量

◉制作方法

❶容器中放入鲜奶油和细砂糖，用打泡器打出八九成泡沫。

❷加入酸奶，用打泡器粗略混合。

❸再加入牛奶、盐、柠檬汁，粗略混合。

❹将冷冻好的不锈钢桶安置在冰淇淋机上，放入步骤❸混合好的材料，按下开关！

★与酸奶一同食用，同样美味。

清爽的香草和
浪漫的花瓣冰淇淋

用薄荷和薰衣草等众所周知的
香草和花制作的冰淇淋，
直到加入罗勒和香菜而制的新概念冰淇淋，
从制作到品尝的整个过程
都令人兴奋和心动不已的超凡冰淇淋们，
隆重登场！

RUCOLA-ICE

品味沙拉口感的

罗勒冰淇淋

◉材料（约4人份）1人份**204千卡**

鲜奶油·······················100克
细砂糖························ 46克
罗勒(新鲜)·····················2克
牛奶··························300克
盐·······················3挖耳勺的量

◉制作方法

❶鲜奶油和细砂糖放入料理机中，打出八九成泡沫。
❷再加入罗勒转动料理机，直到罗勒变得细碎为止。
❸再加入牛奶和盐，轻轻混合。
❹将冷冻好的不锈钢桶安置在冰淇淋机上，放入步骤❸混合好的材料，按下开关！

★搭配罗勒也很好吃。
★如果没有料理机，可用蒜臼捣碎罗勒。

MINT-ICE

沁人心脾的清爽口味，令人心情舒畅!

薄荷冰淇淋

◉**材料**(约4人份) 1人份**198千卡**

鲜奶油·····················100克
细砂糖 ······················40克
牛奶·······················300克
薄荷(新鲜)···················6克
盐·····················1挖耳勺的量

◉**制作方法**

❶鲜奶油和细砂糖放入料理机中，打出八九成泡沫。

❷加入薄荷和盐转动料理机，直到薄荷磨至细碎为止。再加入牛奶，粗略混合。

❸将冷冻好的不锈钢桶安置在冰淇淋机上，放入步骤❷混合好的材料，按下开关!

★可用薄荷进行装饰。

CORIANDER-ICE

献给热情的香菜粉丝

香菜冰淇淋

◉材料（约4人份）1人份**204千卡**

鲜奶油·····························100克
细砂糖 ·····························46克
香菜（新鲜）··························2克
牛奶·······························300克
盐······························· 1挖耳勺的量

◉制作方法

❶鲜奶油和细砂糖放入料理机中，打出八九成泡沫。

❷再加入香菜和盐，转动料理机，直到香菜磨至细碎为止。

❸再加入牛奶，粗略混合。

❹将冷冻好的不锈钢桶安置在冰淇淋机上，放入步骤❸混合好的材料，按下开关！

★可搭配香菜食用。

★如果没有料理机，可用蒜臼将香菜捣碎备用。

ROSE-ICE

吃上一口，变成美人！

玫瑰冰淇淋

◉材料（约4人份）1人份**224千卡**

鲜奶油·····················100克
细砂糖 ·······················46克
牛奶·······················300克
玫瑰酱·······················40克
盐·····················1挖耳勺的量

◉制作方法

❶ 容器中放入鲜奶油和细砂糖，用打泡器打出八九成泡沫。

❷ 再加入牛奶和盐，粗略混合。

❸ 将冷冻好的不锈钢桶安置在冰淇淋机上，放入步骤❷混合好的材料，按下开关！在即将完成之前（约2分钟前）加入玫瑰酱。

★可搭配玫瑰香草茶叶或玫瑰酱食用。

◉玫瑰酱

众多玫瑰酱中，最好吃的就是这款——大马士革玫瑰系列"玫瑰花瓣酱"。令人叹服的醇正玫瑰酱，具有浓郁而优雅的香气。

LAVENDER-ICE

每吃一口，身心就得到一次滋养

薰衣草冰淇淋

◉材料（约4人份）1人份**267千卡**

A ┌ 薰衣草花茶·······················2克
 └ 牛奶···························100克
鲜奶油·····························150克
细砂糖······························46克
牛奶·······························250克
盐···························· 1挖耳勺的量

◉制作方法

煮薰衣草奶茶

❶小锅中放入A的材料，用大火加热，沸腾后调至最小火，煮5~10分钟（a）。

为了更好地激发出薰衣草精华，在冷藏室放置一晚后再过滤。

制作冰淇淋

❷容器中放入鲜奶油和细砂糖，用打泡器打出八九成泡沫。

❸再加入牛奶、薰衣草奶茶和盐，粗略混合。

❹将冷冻好的不锈钢桶安置在冰淇淋机上，放入步骤❸混合好的材料，按下开关！

★可用薰衣草花茶进行装饰。

CINNAMON-ICE

重口味冰淇淋

是带辛辣和冲鼻的刺激感的冰淇淋。
配方主要是为了突出牛奶圆滑的口感而研制的，
如果喜欢更刺激的口味，可根据个人口味加量制作。

肉桂散发出醉人的余味
肉桂冰淇淋

◉材料(约4人份)**1人份204千卡**

鲜奶油··························100克
细砂糖 ····················· 46克
牛奶··························300克
肉桂粉·························· 1克
盐·····················1挖耳勺的量

◉制作方法

❶容器中放入鲜奶油和细砂糖，用打泡器打出八九成泡沫。

❷再加入牛奶、盐和肉桂粉，粗略混合。

❸将冷冻好的不锈钢桶安置在冰淇淋机上，放入步骤❷混合好的材料，按下开关！

★可取少许肉桂粉进行装饰！

PINK PEPPER-ICE

冰甜，不时辛辣

红胡椒冰淇淋

◉材料（约4人份）1人份**204千卡**

鲜奶油·······························100克
细砂糖 ·····························46克
牛奶·······························300克
红胡椒（粒）······················1粒
盐·······························1挖耳勺的量

◉制作方法

❶容器中放入鲜奶油和细砂糖，用打泡器打出八九成泡沫。

❷再加入牛奶和盐，粗略混合。

❸将冷冻好的不锈钢桶安置在冰淇淋机上，放入步骤❷混合好的材料，按下开关！在即将完成之前（约1分钟前），用指腹搓碎红胡椒加入。

★可用红胡椒进行装饰。

在特殊的日子里，制作冰淇淋蛋糕

在特殊的日子里，用冰淇淋蛋糕庆祝吧！

在生日或派对中意外登场的圆形蛋糕，必定会赢得孩子和客人们的欢呼声哦！

其实冰淇淋蛋糕的做法，比想象中简单多了。

将喜欢的冰淇淋铺在蛋糕模具里，在上面摆放薄切的海绵蛋糕坯即可！

最后用水果和鲜奶油进行装饰，就大功告成了。

做一个冰淇淋蛋糕，给大家一个惊喜怎么样？

◉**材料**(约4人份)

（**直径17厘米的圆形蛋糕模1个的分量**）

直径17厘米×高度1.5厘米的海绵蛋糕
⋯⋯⋯⋯⋯⋯⋯⋯⋯⋯⋯⋯ 1片

基础牛奶冰淇淋等(请参考P8~11)
⋯⋯⋯⋯⋯⋯⋯⋯ 500毫升/份

A ┌ 鲜奶油⋯⋯⋯⋯⋯⋯⋯⋯ 200克
  └ 细砂糖⋯⋯⋯⋯⋯⋯⋯⋯ 25克

草莓⋯⋯⋯⋯⋯⋯⋯⋯⋯⋯⋯ 6个

◉**制作方法**

❶模具上面留1.5厘米深度，其余用冰淇淋填满。

❷在冰淇淋上面放海绵蛋糕。

❸盖好保鲜膜放进冰箱里。

❹即将从冰箱取出之际，在容器中加入 A 的材料，打出八九成泡沫。

❺戴上橡胶手套或劳保手套，将从冰箱中取出的蛋糕从模具中倒出。

❻将倒出的蛋糕放在蛋糕台上，将步骤❹混合的鲜奶油涂满整面进行装饰。

❼加草莓装饰，在蛋糕底部也用鲜奶油装饰。

完成！

超级省事的制作方法

盆装冰淇淋蛋糕

在玻璃容器里铺满冰淇淋，上面填满巧克力蛋糕，用草莓和蓝莓等喜欢的水果装饰。最后用鲜奶油装饰边缘。用大汤匙或者冰淇淋挖球器边挖边吃。

让你的冰淇淋更好吃的"4个窍门"
如何制作好吃的冰淇淋之"Q&A"

有关制作冰淇淋时必备的常识和常见的疑问，用Q&A的形式介绍给大家。

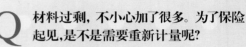

Q 即使相同的材料，做出来的味道却不一样。

A 事实上，冰淇淋对食物的新鲜度和好坏程度非常敏感。所以，请用新鲜的食材制作冰淇淋吧。"放太久了，做成冰淇淋吃掉吧"，很抱歉，用这种想法制作冰淇淋是行不通的。

Q 材料过剩，不小心加了很多。为了保险起见，是不是需要重新计量呢？

A 就这样继续制作也没问题哦！本书中计量的数据，是以制作"最佳冰淇淋"为目标而定的，因此，实际分量与书中标准有些出入，并不会导致冰淇淋不成形等制作失败的问题。这也是冰淇淋的一个优点哦。不必过度紧张，多挑战几次吧。

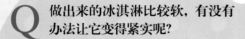

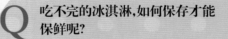

Q 做出来的冰淇淋比较软，有没有办法让它变得紧实呢？

A 如果室温过高或不锈钢冰桶不够冻，会出现不紧实的现象。这时，可再次转动冰淇淋机，等转完之后，根据个人对冰淇淋硬度的不同要求，在冰箱里存放20～60分钟。

Q 吃不完的冰淇淋，如何保存才能保鲜呢？

A 保持冰淇淋美味的最佳温度是-18℃以下。水分蒸发以及酸化是导致冰淇淋变味的大敌，因此冰淇淋需放进平铺的密封袋中，排掉空气之后密封保存。严禁反复解冻和冷冻。最好将每次食用量用小袋子分开存放。

制作冰淇淋的**基本工具**

在家中制作冰淇淋不可缺少的工具有容器、打泡器和量秤这3种。
不过，如果有冰淇淋机，可用它的电子秤进行计量，外加一个橡胶铲，制作会变得更加简单，
并且能做出更美味的冰淇淋。
下面介绍几款常用的工具。

●冰淇淋机

往冷冻好的不锈钢桶里加入材料，按下开关！立刻完成冰淇淋的冰淇淋机，不仅能轻松制作冰淇淋，味道也非常棒，建议大家在家中备用。不使用机器，纯手工制作时，将打好泡沫的冰淇淋材料多次从冰箱中取出，用手不断混合制作成冰淇淋。

●打泡器

比起手动打泡器，用电动打泡器更轻松。建议尽量使用电动打泡器。

●电子秤

在电子秤上面放容器，直接加入材料之后，记忆可归零，不仅测量准确，还可以减少容器的数量，并减少了一个个核对数据的麻烦，是非常推荐的便利工具。可计量1克物品，也可轻松计量到2千克物品。

●冰淇淋挖球器

用挖球器挖出来的球形冰淇淋，相对来说还是更加可爱，凝固的冰淇淋最适合用挖球器了。
在挖坚硬的冰淇淋之前，挖球器最好用热水沾湿后使用。

●橡胶铲

可轻松铲掉打泡器钢片上或沾在容器上的食材。

●容器

用玻璃容器制作的冰淇淋，口感比金属容器制作的冰淇淋更加柔滑。另外，为了方便打泡沫或大幅度混合，请使用大号容器。

TAMAGO WO MATTAKUTSUKAWANAI YASAI TO KUDAMONO TAPPURI
HAPPY ICE CREAM!
© Megumi Hasegawa2013
Originally published in Japan in 2013 by NITTO SHOIN HONSHA CO.,LTD.,
TOKYO.
Chinese(Simplified Character only) translation rights arranged through
TOHAN CORPORATION, TOKYO.

图书在版编目（CIP）数据

开心蔬果冰淇淋 / (日) 长谷川　惠著；李花子译. —郑州：河南科学技术出版社，
2015.7

ISBN 978-7-5349-7784-8

Ⅰ.①开… Ⅱ.①长… ②李… Ⅲ.①冰淇淋—制作 Ⅳ.①TS277

中国版本图书馆CIP数据核字(2015)第106078号

出版发行：河南科学技术出版社
　　　　　地址：郑州市经五路66号　　邮编：450002
　　　　　电话：（0371）65737028　　65788613
　　　　　网址：www.hnstp.cn
策划编辑：刘　欣
责任编辑：刘　欣
责任校对：耿宝文
封面设计：张　伟
责任印制：张艳芳
印　　刷：北京盛通印刷股份有限公司
经　　销：全国新华书店
幅面尺寸：190 mm×240 mm　　印张：6　　字数：100千字
版　　次：2015年7月第1版　　2015年7月第1次印刷
定　　价：29.80元

如发现印、装质量问题，影响阅读，请与出版社联系并调换。